农网工程典型施工图册

配电变台分册

本书编委会　编

中国电力出版社
CHINA ELECTRIC POWER PRESS

图书在版编目（CIP）数据

农网工程典型施工图册．配电变台分册/《农网工程典型施工图册》编委会编．—北京：中国电力出版社，2018.12（2020.7重印）
ISBN 978-7-5198-2876-9

Ⅰ．①农… Ⅱ．①农… Ⅲ．①农村配电－配电装置－工程施工－图集 Ⅳ．①TM642-64

中国版本图书馆 CIP 数据核字（2019）第 004322 号

出版发行：中国电力出版社
地　　址：北京市东城区北京站西街 19 号（邮政编码 100005）
网　　址：http://www.cepp.sgcc.com.cn
责任编辑：罗　艳（010-63412315）邓慧都　高　芬
责任校对：黄　蓓　太兴华
装帧设计：张俊霞
责任印制：石　雷

印　　刷：三河市万龙印装有限公司
版　　次：2018 年 12 月第一版
印　　次：2020 年 7 月北京第二次印刷
开　　本：880 毫米 ×1230 毫米　64 开本
印　　张：1.125
字　　数：43 千字
印　　数：4001—7000 册
定　　价：15.00 元

版权专有　侵权必究
本书如有印装质量问题，我社营销中心负责退换

主　　任　熊卫东

副 主 任　张　昀　杨　坤　李梓玮

主　　编　李梓玮

副 主 编　黄　欣　王　涛

编写成员　罗子玉　骆开信　张有根　曾　东　段　炼
冯　晋　杨元春　肖凯歆　王鹏飞　张　昱
徐　兴　陈　伟　徐　贺　冉春江　孙健吉
蒋　莉　裴家祥　邱　勇　罗家云　王安宁
张　爽　黄　欣　沈　力　孙　滔　何春林
徐　诚　李　春　朱映辉

前言

为确保农网工程施工过程规范化、标准化，巩固和提高农网工程施工质量和工艺水平，创建优质工程，实现质量强网的建设目标，国网四川省电力公司农电部组织编写了《农网工程典型施工图册》。

本系列图册依据《国家电网公司配电网工程典型设计（2016 年版）》编写，共分为 3 个分册，即《农网工程典型施工图册　架空线路分册》《农网工程典型施工图册　电缆分册》《农网工程典型施工图册　配电变台分册》。

本分册为《农网工程典型施工图册　配电变台分册》，内容主要包括基础施工、电杆组立、横担及绝缘子安装、引流线固定、跌落式熔断器安装、避雷器安装、台架及变压器安装、低压综合配电箱安装、接地装置安装、接户横担安装、蝶式绝缘子安装、支架安装、接户线架设、导线固定、导线连接、穿管、常用接户线装置方式、表箱安装、智能表及采集器安装、户表箱保护接地安装。本图册图文并茂、如临现场、生动活泼，具有看图说话、通俗易懂、便于携带和学习等特点，重点突出典型施工工艺，贴近一线施工作业现场，可作为农网工程建设、管理人员的施工参考。

由于编者水平有限，加之时间仓促，不足之处在所难免，恳请读者批评指正。

编　者

2018 年 3 月

目录

目录

一、基础施工

• 台架杆位测量

• 台架杆中心距离 2500mm 位置定桩

基坑施工：先确认台架杆根开距离（2500mm ± 30mm）符合要求，核实杆位及坑深达到要求后，平整坑底并夯实，两杆坑深度应一致。

• 杆坑高差测量

• 台架杆根开距离复测 1

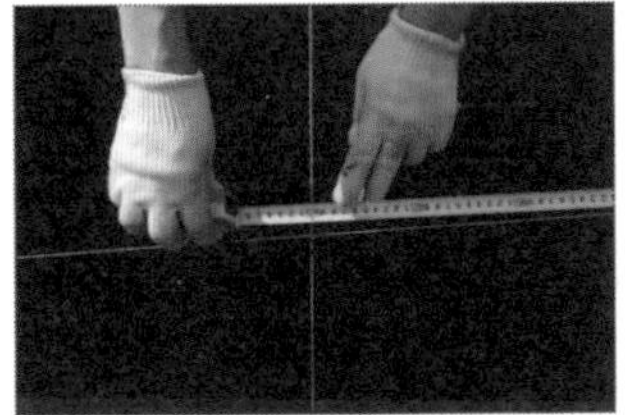

• 台架杆根开距离复测 2

水平度测量： 杆塔结构中心与中心桩的横、顺向位移，不应大于 50mm。电杆基础坑深度的允许偏差应为 +100、-50mm。

二、电杆组立

• 固定式人字抱杆组立台架杆（正面）

• 电杆校正

电杆校正：电杆立好后，需适时进行电杆校正，电杆杆身倾斜不大于杆梢直径的 1/2。

防沉土层制作

防沉土层

基坑回填：回填土时应将土块打碎（直径不大于30mm），每回填150mm应夯实一次，回填土后的电杆坑应有防沉土层，培土超出地面300mm。

三、横担及绝缘子安装

• M 垫铁外观检查

• 抱箍及附件外观检查

材料检查：对 U 形螺栓、M 垫铁、横担安装前应进行外观检查：表面光洁，无裂纹、毛刺、飞边、锌皮剥落及锈蚀等缺陷。

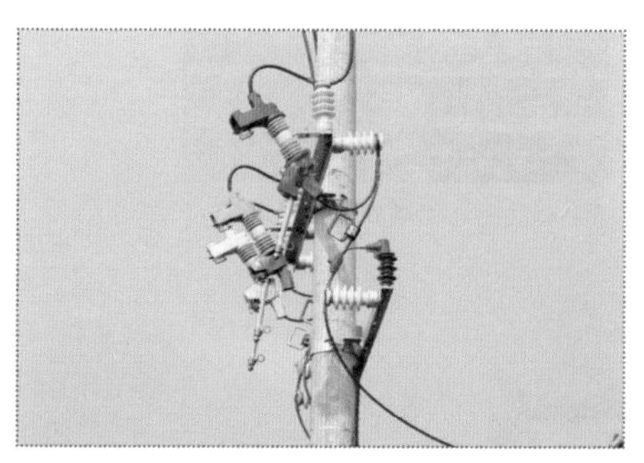

• 高压侧横担安装（侧面）

• 高压侧横担安装（正面）

台架杆横担安装：引下线固定横担、避雷器固定横担须安装在台架杆内侧，跌落式熔断器固定横担须安装在台架杆外侧，且从上至下平行成一条线；横担安装应平、正，横担端部上下歪斜不应大于 20mm；横担端部左右扭斜不应大于 20mm。

• 横向线路螺栓穿向

• 面向受电侧顺线路螺栓穿向

• 垂直线路螺栓穿向

螺栓安装： 用螺栓连接的构件，螺杆应与构件面垂直、紧密，螺头平面与构件间不应有间隙。

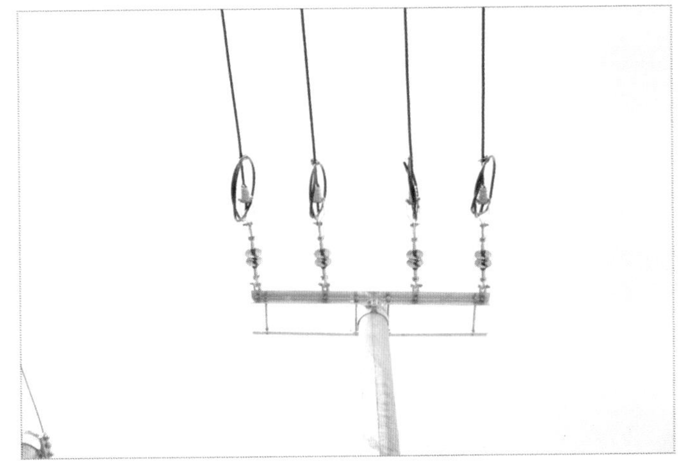

• 耐张线夹及绝缘子处销钉穿向

弹簧销子及销钉安装： 耐张串上的弹簧销子及销钉应由上向下穿。当有特殊困难时可由内向外或由左向右穿入；两边线应由内向外、中线应由左向右穿入。

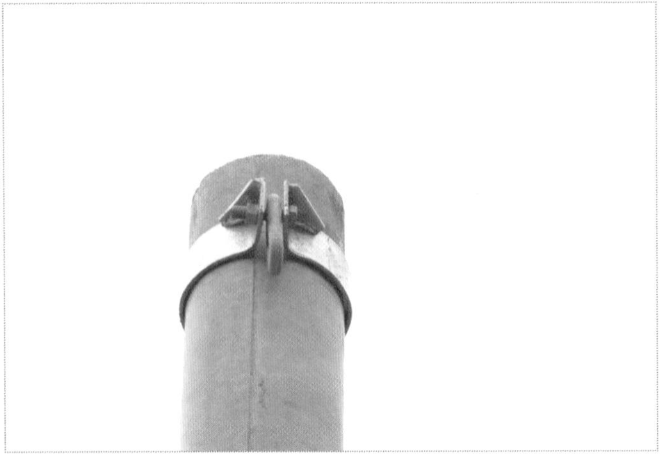

•对合抱箍安装

对合抱箍安装：安装方向正确，抱箍与电杆接触紧密，牢固可靠，螺栓穿向正确，紧固后抱箍两单片之间距离为 10 ~ 30mm。

• 绝缘子外观检查

• 针式绝缘子绝缘电阻值测量

安装前检查： 安装前进行外观检查，绝缘子绝缘测试可按同批产品数量的10% 进行抽检。

•绝缘子安装

绝缘子安装：瓷绝缘子瓷件与铁件组合无歪斜现象，且结合紧密，安装前与完毕后均需进行清洁。

四、引流线固定

• 绝缘带缠绕

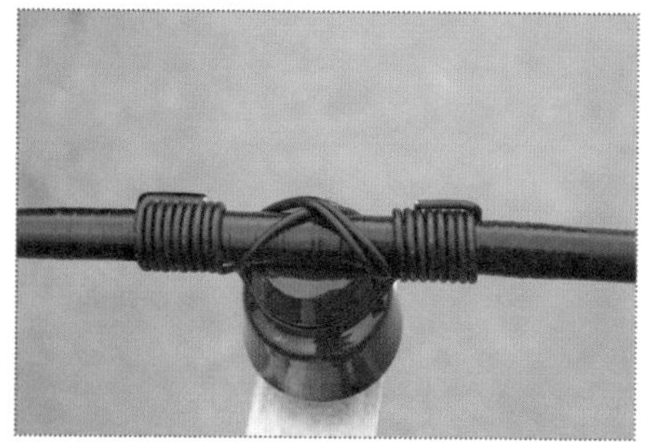

• 导线固定

引流线固定：引流线应紧贴横担绝缘子最外层嵌线槽或顶端嵌线槽，受力自然。

五、跌落式熔断器安装

• 跌落式熔断器及附件外观检查

跌落式熔断器检查： 跌落式熔断器各部分零件须完整，绝缘部件完好。

• 跌落式熔断器安装

跌落式熔断器安装： 须安装牢固、排列整齐，熔管轴线与地面的垂线夹角为 15° ～ 30° ，水平相间距离不小于 500mm，对地垂直距离不小于 4.5m。

• 下引线绑扎处

• 下引线弯曲

• 下引线连接

上下引线安装： 上引线相间应平行、无弓弯，每相引线与邻相的引线或导线之间，安装后的净空距离不应小于 300mm；下引线的弓字弧度三相应一致，与横担间距不小于 200mm。

六、避雷器安装

• 避雷器外观检查

• 避雷器绝缘电阻值测量

安装前检查： 绝缘部件完好，安装时，现场用 2500V 绝缘电阻表测试其绝缘电阻值与试验值不应有明显的变化，但最低不应小于 1000MΩ。

• 避雷器安装

避雷器安装：应竖直安装，排列整齐，高低一致，水平相间距离不小于350mm，固定牢固可靠。

• 避雷器上、下引线连接

上、下引线安装：上引线应采用绝缘导线，不应使避雷器产生外加应力。接地引下线应与接地装置进行连接，导线采用 BV–35 布电线，三根接地引下线每隔 300mm 应绑扎一次。

七、台架及变压器安装

• 台架抱箍安装

台架抱箍安装：台架抱箍与电杆接触紧密，牢固可靠，螺栓穿向正确，紧固后两端抱箍间隙一致，两间隙所连中心线与两台架杆所连中心垂直。

• 横梁测量水平倾斜

• 横梁对地距离

横梁安装：横梁安装后，水平倾斜不大于台架根开的1/100，横梁中心线对地垂直距离不小于3.4m。

• 变压器吊装（支架吊装）

• 变压器吊装（葫芦吊装）

• 变压器安装

变压器吊装：变压器吊装到位后，变压器中心点在变压器台架中心位置，水平倾斜不大于台架根开的 1/100。

• 绝缘电阻测量

绝缘电阻测试：安装好后用 2500V 绝缘电阻表现场测试绝缘电阻经折算到试验温度后不应有明显的变化，吸收比不低于 1.3 或极化指数不低于 1.5。

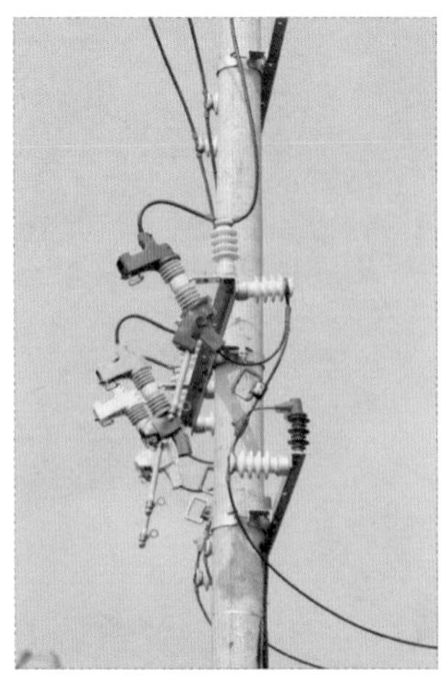

• 接地环安装

验电接地环安装：变压器高压引线每相应安装验电接地环。

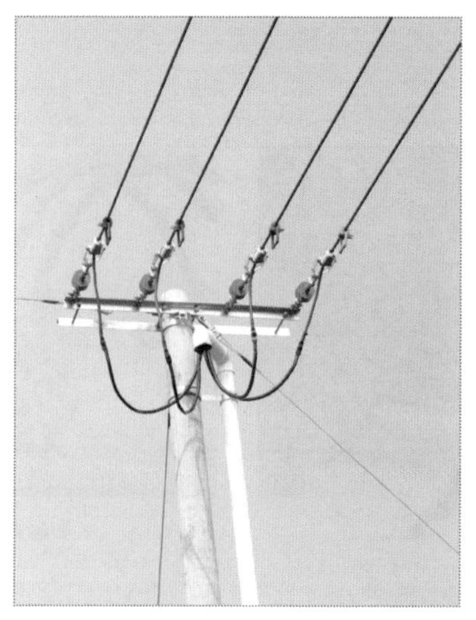

• 出线穿保护管滴水弯

低压出线安装： 按照设计的要求进行选择，使用连接金具进行连接，出线在穿保护管处应做滴水弯。

• 变压器高压侧桩头接线

• 变压器低压侧桩头接线

变压器高低压侧引流线安装： 变压器高低压侧及低压综合配电箱出线根据负荷情况设计选定。

• 变压器中性点连接

• 变压器外壳连接

变压器的外壳和低压侧中性点接地安装： 变压器的外壳和低压侧中性点采用 BV-35 布电线与接地装置可靠连接。

• 绝缘罩安装

安装绝缘护套： 变压器高低压侧接线端及设备线夹应安装绝缘护套。

• 标示牌安装

标志标识安装：在台架两侧电杆上安装“禁止攀登，高压危险”警示牌，在台架正面右侧的变压器托担上安装命名牌。

八、低压综合配电箱安装

• 低压综合配电箱吊装

• 低压综合配电箱固定

• 低压综合配电箱安装

低压综合配电箱采取悬挂式安装：低压综合配电箱下沿距离地面不低于2.0m，有防汛需求可适当加高。

配电箱出线安装：电杆外侧敷设，低压出线优先选择副杆，使用管卡或电缆卡抱固定。

• 配电箱进线连接

• 配电箱出线连接

• 配电箱外壳接地

箱内接线安装： 箱内接线正确，相位、相色排列应正确且工艺美观。外壳采用 BV–35 布电线与接地装置可靠连接。

• 配电箱引出线与低压主干线连接

低压侧出线连接： 出线与低压主干线连接应使用铜铝过渡并沟线夹，线夹数量不应少于 2 个，导线出头 20 ~ 30mm，并绑扎 3 圈。

• PVC 保护管安装（变压器低压侧）

PVC 保护管安装：进出线采用架空绝缘线或单芯电缆时，宜穿 PVC 保护管，保护管支架间距 1.5m。

九、接地装置安装

• 接地沟深度测量

• 接地沟全景

地沟开挖： 接地装置敷设在耕地时，接地体应埋设在耕作深度以下，且不宜小于 0.6m。

•接地体垂直打入

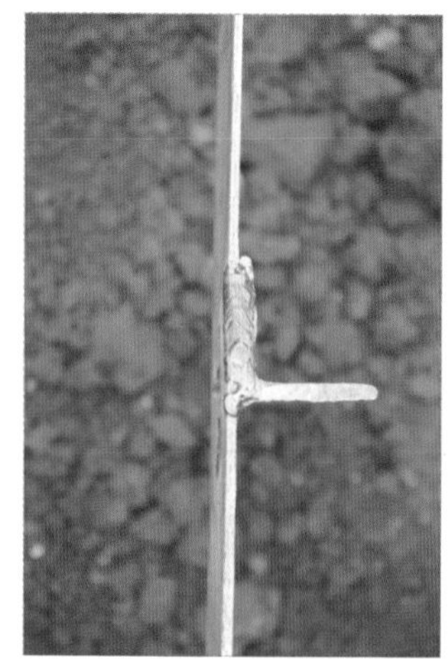

•焊接平整牢固

垂直接地体安装：应垂直打入，并与土壤保持良好接触。

• 水平间距不小于 5m

• 接地体应平直

接地扁钢敷设： 水平接地体的间距应符合设计规定，当无设计规定时不宜小于 5m。接地体应平直，无明显弯曲。

• 焊接长度　　• 四面施焊

• 清除焊药　　• 防腐处置

焊接搭接长度：扁钢为宽度的 2 倍，四面施焊。在做防腐处理前，必须除锈并清除焊处的焊药。

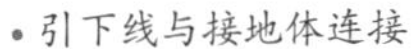

•引下线与接地体连接

•引下线使用扁钢

接地引下线安装：应紧靠杆身，每隔一定距离与杆身固定一次。

• 防沉层 2

• 防沉层 1

接地沟回填： 回填后的沟面应设有防沉层，其高度宜为 100 ~ 300mm。

• 接地电阻测量

接地电阻值： 总容量为 100kVA 及以上的配电变压器接地装置的接地电阻不应大于 4Ω，总容量为 100kVA 以下的配电变压器接地装置的接地电阻不应大于 10Ω。

保护接地和工作接地连接： 应分别与接地装置连接，接地扁铁着色为黄绿相间，颜色长度为 100 ~ 150mm, 要求涂刷均匀，美观。

十、接户横担安装

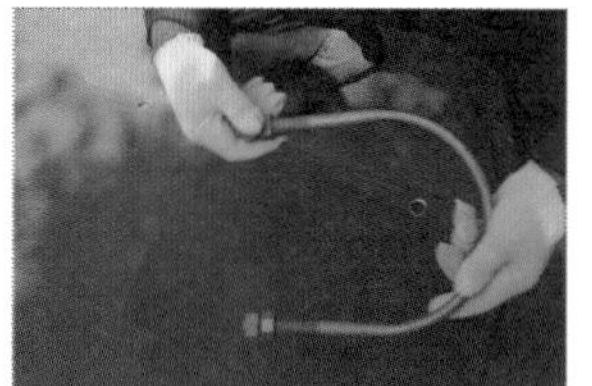

• U 型螺栓外观检查

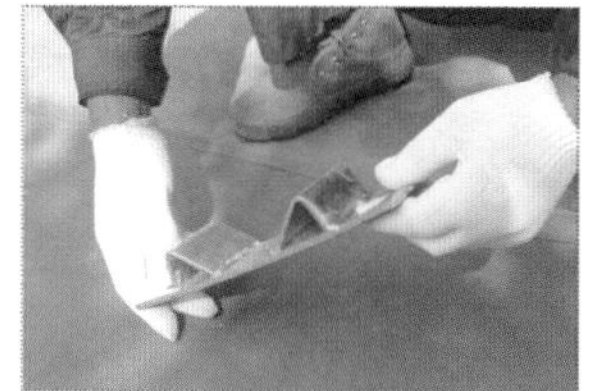

• M 垫铁外观检查

• 横担外观检查

• 地面横担组装

外观检查： 对 U 型螺栓、M 垫铁、横担安装前应进行外观检查，要求表面光洁，无裂纹、毛刺、飞边、锌皮剥落及锈蚀等缺陷。

• 接户横担安装位置确定

• 接户横担安装

横担安装：接户线横担端部上下歪斜不应大于 20mm，横担端部左右扭斜不应大于 20mm，距上层横担 500mm。

十一、蝶式绝缘子安装

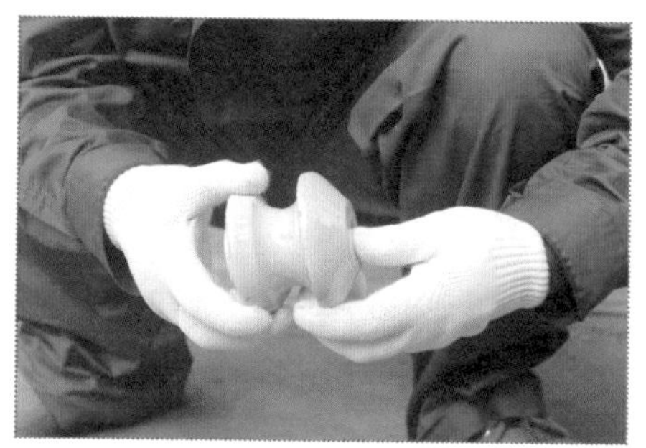

• 蝶式绝缘子外观检查

• 蝶式绝缘子表面清除

外观检查、清洁：安装前应进行外观检查，瓷釉光滑，无裂纹、缺釉、斑点、烧痕、气泡或瓷釉烧坏等缺陷；安装时应清除表面灰垢、附着物及不应有的涂料。

蝶式绝缘子固定：螺栓穿向由下向上，并在蝶式绝缘子与螺杆之间加平垫。

十二、支架安装

• 支架外观检查

• 安装高度测量

• 支架安装打孔

安装：安装前应进行外观检查，表面光洁，无裂纹、毛刺、飞边、锌皮剥落及锈蚀等缺陷，焊接牢固；支架安装距离地面高度不小于 2.7 m，安装应牢固可靠。

十三、接户线架设

接户线通过地区	垂直距离（m）
公路（通车街道）路面	6
通车困难的街道、人行道	3.5
胡同（里、弄、巷）	3
沿墙敷设最低点对地面	2.5

对地距离：接户线安装完成后，在导线最大弧垂时对地面距离应满足上表中规定。

十四、导线固定

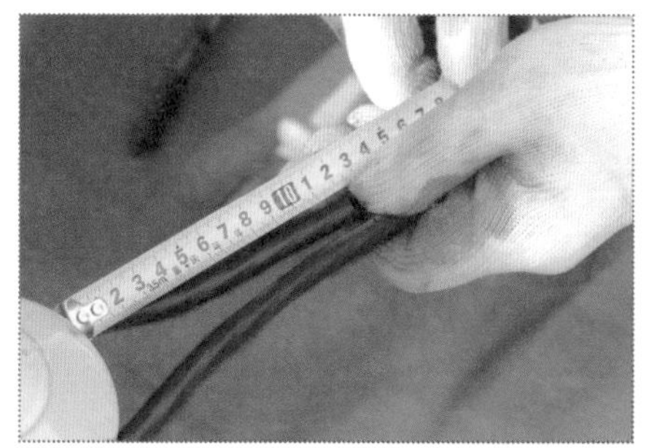

• 确定绑扎点

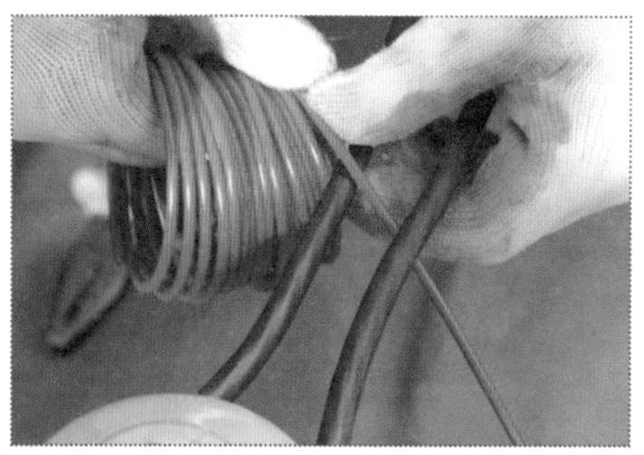

• 绑扎点开始扎线

接户线终端绑扎点： 绑扎点距蝶式绝缘子距离为3倍绝缘子直径或120 ~ 150mm处扎线。

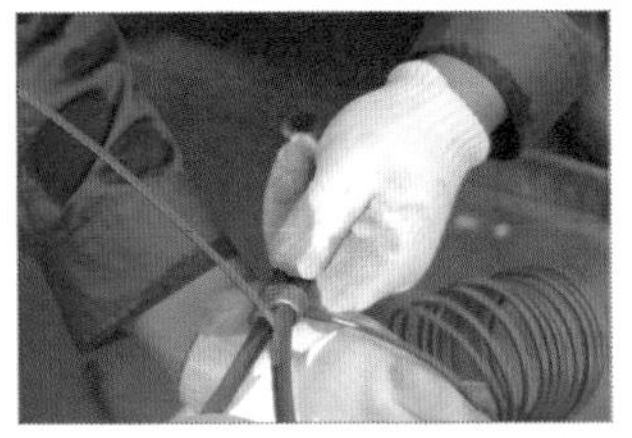

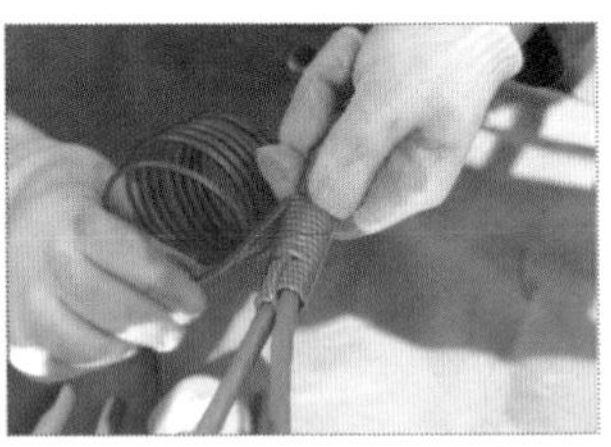

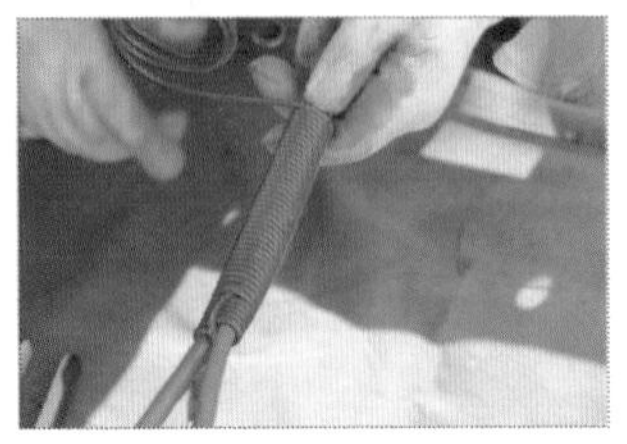

接户线终端绑扎：“8”字圈起头后，紧密缠绕 5 圈，将扎线端头伸直置于主线与副线之间；用扎线对导线的结合处按顺时针方向进行缠绕，缠绕长度 100 ~ 150mm，匝间紧密，不得重叠、歪斜、鼓包。

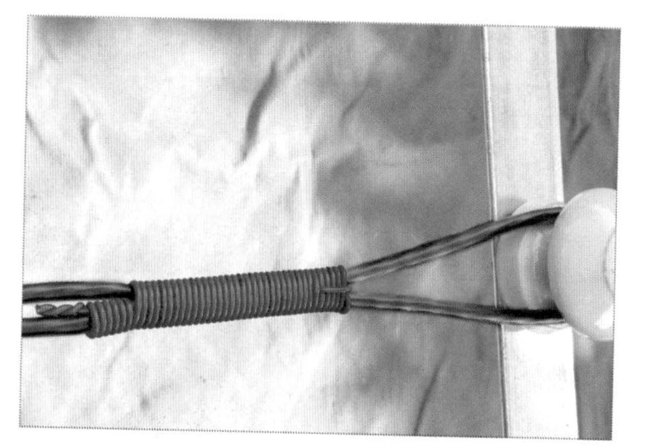

接户线终端绑扎收尾： 收尾时，将副线与主线分开，扎线端头与主线并拢，用扎线圈对主线和扎线端头进行缠绕 6 圈，然后与绑线端头拧一小辫（3 个麻花），剪断后用钳脖压平，要求小辫麻花均匀，辫头平行于导线侧。

当导线截面积≥ 50mm^2 时，导线的固定宜采用加装曲线板或悬式绝缘子。

十五、导线连接

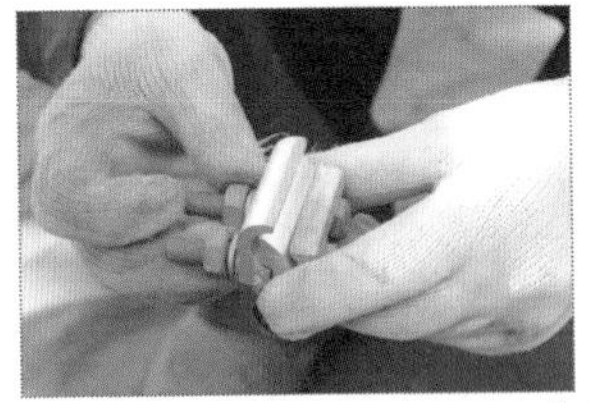

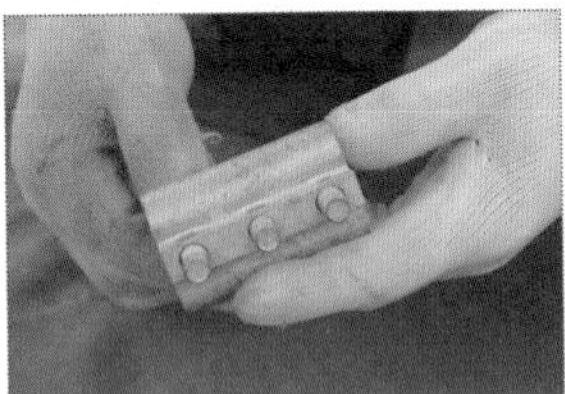

• 外观检查

• 并沟线夹安装准备

接户线 T 接要求 1： 接户线 T 接宜采用并沟线夹。接户线与线路导线若为铜铝连接，应有可靠的铜铝过渡措施，并沟线夹型号必须与导线型号匹配。

• 做好滴水弯

• 导线表面处理后涂抹导电膏

• 并沟线夹搭接

接户线T接要求2: 导线接触应紧密、均匀、无硬弯，搭接处应做好滴水弯，引流线应呈均匀弧度；安装后的裸露带电部位须加绝缘罩或包覆绝缘带保护。

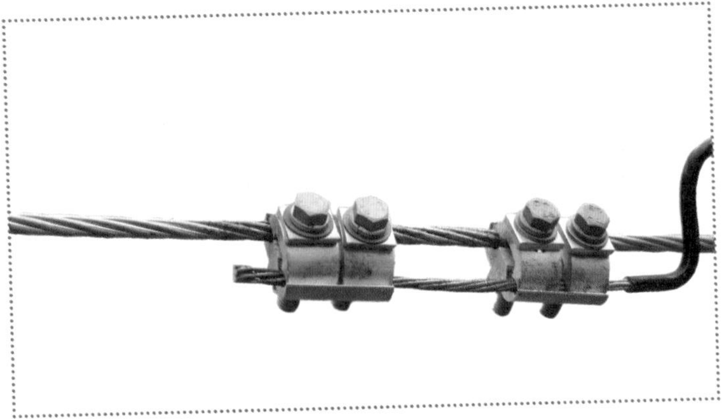

• 线头的距离

接户线 T 接要求 3：并沟线夹螺栓应拧紧，线夹出头 20 ～ 30mm。

导线截面（mm^2）	绑扎长度（mm）
25 及以下	≥ 150

接户线 T 接要求 4：若导线连接采用绑扎连接时，绑扎连接应接触紧密、均匀、无硬弯，绑扎长度应符合上表规定。

十六、穿管

• 滴水弯

基本要求：穿管的管径选择，宜使用导线截面之和占截面积的 40%；管口与接户线第一支持点的垂直距离在 0.5m 以内，导线在室外应做滴水弯，穿墙绝缘管应内高外低，露出墙壁部分的两端不应小于 10mm 。

• 线管固定

线管固定： 用钢管穿管时，同一交流回路的所有导线必须穿在同一根钢管内，且管的两端应套护圈；导线在穿管内严禁有接头，管道沿墙敷设时要求横平竖直，穿线管插入电表箱内距离不小于 20mm，并可靠固定。

十七、常用接户线装置方式

• 380V 分列导线架空接户方式

• 220V 分列导线架空接户方式

常用接户线装置方式类型 1： 380V 分列导线架空接户方式；220V 分列导线架空接户方式。

• 沿墙敷设接户方式

• 杆上计量接户方式

常用接户线装置方式类型 2：杆上计量接户方式；沿墙敷设接户方式。

十八、表箱安装

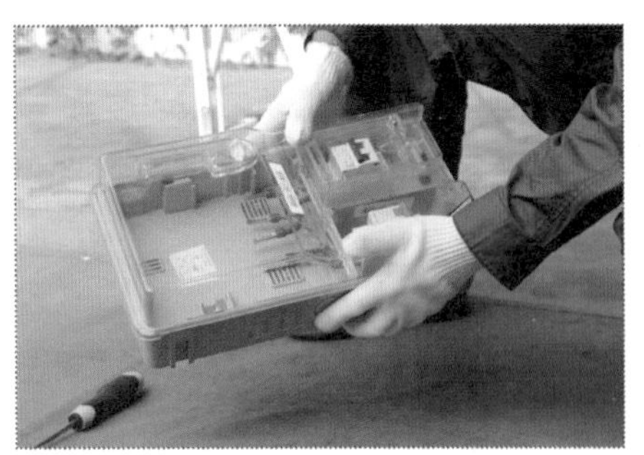

• 表箱外观检查

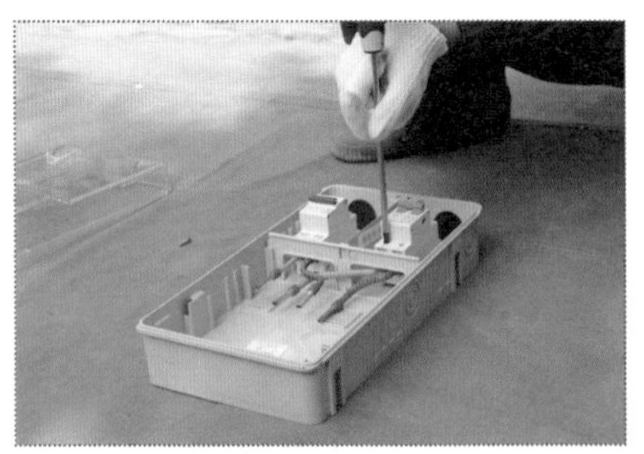

• 各元器件连接检查

表箱安装： 电能表箱应满足坚固、防雨、防锈蚀的要求，应有便于抄表和用电检查的观察窗；电能表箱完整无损伤，各元器件连接牢固可靠，安装应水平、牢固。

• 表箱安装高度确定

• 安装表箱

安装高度： 表箱安装对地距离为 1.8 ～ 2.0m。

十九、智能表及采集器安装

• 电能表安装

智能表及采集器安装：电能表安装必须垂直牢固，表中心线向各方向的倾斜度不大于 1°。

• 采集器安装在电能表附近

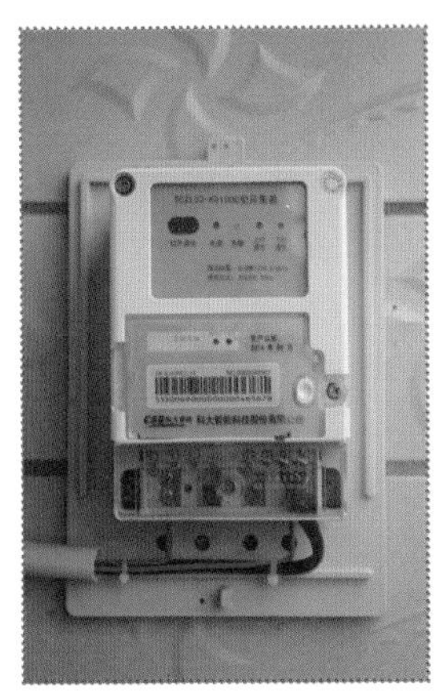

• 采集器接线

非载波通信： 采集器通过 RS-485 通信方式的，其采集器安装在电能计量装置附近，安装应牢固可靠，接线正确，导线无接头、无裸露。

• 采用载波通信方式，插入载波模块

载波通信：对于载波通信电能表，则不需要安装采集器，由集中器通过载波通信方式直接采集电能表；电能表的载波模块插接应可靠，外观无损伤。

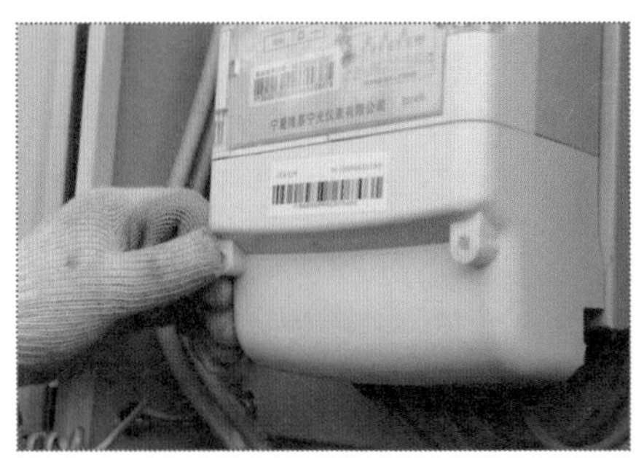

• 加封电能表

• 加封表箱

施封：施工结束后，电能表端钮盒盖、试验接线盒盖及计量柜（屏、箱）门等均应加封。

二十、户表箱保护接地安装

• 地线与接地体连接

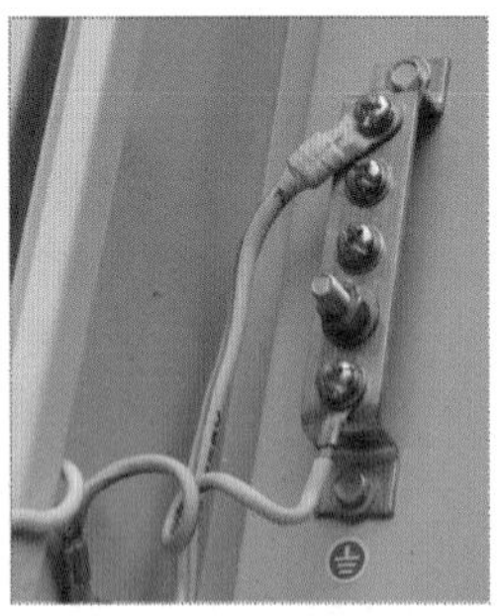

• 接地线与表箱连接

• 接地线穿管

户表箱保护接地安装： 若采用金属箱体时应接地。其接地电阻值不大于 10Ω 为宜（特殊土质不大于 30Ω），可直接使用单极垂直接地体作为接地装置：采用 50mm × 5mm × 2500mm 的镀锌接地角钢垂直打入地面，端头露出地面长度 50 ~ 100mm，用黄绿相间截面积不小于 $10mm^2$ 铜芯绝缘导线穿管与电表箱接地端相连。